U0157734

布鲁诺
探索天文学

① 布鲁诺和宇宙大爆炸

[智利] 罗德里戈 著

[智利] 卡罗利娜 绘

曹世豪 译

中国民族文化出版社
北 京

图书在版编目（CIP）数据

布鲁诺探索天文学 . 1, 布鲁诺和宇宙大爆炸 /（智）罗德里戈著；曹世豪译 . -- 北京：中国民族文化出版社有限公司 , 2022.1
ISBN 978-7-5122-1405-7

Ⅰ . ①布… Ⅱ . ①罗… ②曹… Ⅲ . ①天文学－青少年读物 Ⅳ . ① P1-49

中国版本图书馆 CIP 数据核字 (2020) 第 182782 号

BRUNO Y EL BIG BANG
First edition: March 2019
© 2017, Rodrigo Contreras Ramos y Carolina Undurraga
© 2019, Penguin Random House Grupo Editorial, S.A.
Merced 280, piso 6, Santiago de Chile
www.megustaleer.cl
The simplified Chinese translation rights arranged through Rightol Media
本书中文简体版权经由锐拓传媒旗下小锐 (Emaill:copyright@rightol.com) 授权中国民族文化出版社有限公司独家出版。
著作权合同登记号：图字 01-2020-5816

书　　名：布鲁诺探索天文学：1. 布鲁诺和宇宙大爆炸
作　　者：[智利] 罗德里戈
插　　画：[智利] 卡罗利娜
翻　　译：曹世豪
策　　划：张晓萍
责任编辑：江　泉
装帧设计：姚　宇
责任校对：李文学
出　　版：中国民族文化出版社
地　　址：北京市东城区和平里北街 14 号（100013）
发　　行：010-64211754　84250639
印　　刷：小森印刷（北京）有限公司
开　　本：880mm×1230mm　1/32
印　　张：9.25
字　　数：200 千
版　　次：2022 年 1 月第 1 版第 1 次印刷
标准书号：ISBN 978-7-5122-1405-7
定　　价：89.00 元（全 2 册）

罗德里戈·孔特雷拉斯·拉莫斯和卡罗利娜·温杜拉加是布鲁诺系列的创作者。

罗德里戈是一位土木工程师，天主教大学天文学硕士，博洛尼亚大学天文学博士。他作为洛亚诺天文台的讲解员，开展了自己的科学传播事业。目前是智利千年天体物理学研究所（MAS）的研究员。同时，他在由 ObservaMAS 项目牵头创办的创意协会里也是很活跃的一员。他最近开通了 Instagram 账户 @pildorasdeastro，以一种简单而有趣的方式使人们走近天文学。

卡罗利娜曾在天主教大学学习艺术、教育以及建筑学，并获得了研究生学位。她热衷于音乐、歌曲、舞蹈和艺术。在这近二十年的时间里，一直从事艺术绘画和插画项目的教学和实践。她曾参与儿童读物的创作，其中包括历史建筑学，以及你现在所读到的天文学。

如果您对本书有意见或建议，请联系：
作者邮箱 brunoyeluniverso@gmail.com
编辑邮箱 1505893160@qq.com

谨以此书献给瓦伦蒂娜、艾丽莎、哈辛塔、伊斯梅尔、约瑟法、阿尼巴尔、玛丽亚·尤金尼亚、胡安·克里斯托瓦尔、马丁、卢卡斯和伊西多拉。

敬我们一起玩过的乐高。

前 言

亲爱的小朋友们：

这是一本有关科学的书。**淡定！淡定！**用不着害怕！它不像你们在学校里读的书那样，长篇大论又不知所云。这是一本有关布鲁诺的小说，他和你们一样也是个小学生，也像你们一样数着日子等待假期的来临，然后很快就在家无聊得"像只牡蛎一样"。听起来是不是很熟悉？

幸运的是，布鲁诺很快就厌倦了玩 PS 游戏机、看电视，他开始探索周围的事物。刚开始他拿着的是一个放大镜，后来他又得到了一件来自无尽空间的礼物，一副神奇的眼镜。

这是一本有关科学的书，我向你们保证这本书会教给你们一些别的书不会涉及的东西。科学源自好奇，而你们恰好有着强烈的好奇心。科学并非晦涩难懂，科学也不仅仅是为课堂上的"书呆子"准备的：科学是为所有人准备的！

科学比任何科幻故事更能让我们开心、更能带给我们惊喜。因为每当讲述到结尾处，科学总能启示我们一些了不起的事，更重要的是，它们都是真实的。科学可以解释一切，甚至是一些非常细微的事物。

因此，没必要为那些"不祥之兆""引力波"，或人们之前所不知道的由氢原子组成的"超新星"抓耳挠腮，或者说，没必要过早地追问在一杯"简简单单"的水里有什么。

我们将用科学家的方法，和布鲁诺一起学习如何去研究我们身边的事物。尽管布鲁诺才八岁，对科学知识知道的不多，但是由于他对研究工作有着浓厚的热情，他已经称得上是个像罗德里戈·孔特雷拉斯一样够格的研究者了。当你们读完这本书的时候，你们也会从布鲁诺身上学到很多东西，那时你们就会用另一种不同的眼光来看这茫茫宇宙。

马努埃拉·佐卡利
智利千年天体物理研究所所长

人物介绍

布鲁诺

8岁，既调皮又充满好奇心，有一副可以看到原子的神奇的眼镜。

鲍伊

布鲁诺的宠物，伪装专家。

塞西莉亚

布鲁诺的小妹妹，聪明伶俐。

凯妮塔

布鲁诺的曾祖母，摩登老太太的代表。

氢一点儿

宇宙大爆炸中诞生的氢原子，
对宇宙的历史了如指掌。

金毛儿氧

氧原子，和氢一点儿住在一起。

水分子 H_2O

水分子

2个氢原子+1个氧原子形成了这个住在
布鲁诺杯子里的水分子。

来自星星的眼镜

来自星星的礼物，用它可以看到原子。
只要戴上这副眼镜，就能看到这些微
小的事物，并与它们对话。

目录

如果你想做一块蛋糕，首先你得创造一个宇宙。

^一袋爆米花

卡尔·萨根
（＋布鲁诺）

第一章
无聊得像只牡蛎

说真的，从八月份开始我就苦苦期盼假期快点儿来吧。但是我没有想到，在离开学校仅短短的两星期后，我就已经无聊得快要发霉了。与此同时，我的朋友们也都去了各地游玩。没办法，无奈的我只能自娱自乐地度过这漫长的三个月了。

虽然我有一个详尽的计划清单，但事情并不总是如我所愿。

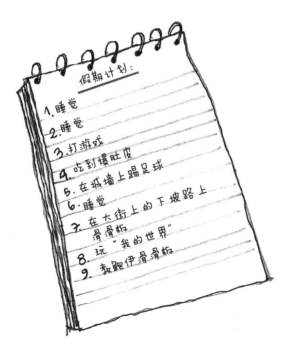

假期计划：
1. 睡觉
2. 睡觉
3. 打游戏
4. 吃到爆肚皮
5. 在城墙上踢足球
6. 睡觉
7. 在大街上的下坡路上
   滑滑板
8. 玩"我的世界"
9. 教鲍伊滑滑板

刚放假的几天:
我喜欢的睡姿。

睡姿之"我还有三个月的假期"

睡姿之"颠三倒四"

睡姿之"球场上的欢呼"

睡姿之"德古拉伯爵"

放假一星期之后……

催眠术

睡不着   睡不着

听着舒缓的音乐，
布鲁诺仍然睡不着

房间里伸手不见五指，
布鲁诺还是一点儿睡意都没有

我的假期计划中除了睡觉之外的活动：

两个月大的鲍伊

　　除了第九条我从来没成功过，假期清单我已经重复了二十遍了。在我看来，让鲍伊自己滑滑板会把它逼出狂犬病的，所以唯一能让它站上滑板的办法就是绑着它。但是逼任何人在假期做他不想做的事都不是个好主意。

　　鲍伊是我的宠物，是我过四岁生日的时候别人送我的生日礼物。说真的，它刚来那会儿只是一只"变色龙崽儿"，很娇嫩，但是也很丑。

南十字座

一袋爆米花

　　初次见面我们就结下了友谊。从我认识它那一刻，它就变成了我的冒险伙伴。我们很喜欢爬山、冲浪、睡在花园的小·帐篷里、踢足球还有吃爆米花（尽管鲍伊更喜欢吃苍蝇）。

我在和鲍伊一起冲浪

译者注：南十字座，是全天 88 星座中占天区面积最小的一个，北回归线以南地区可以看到，我国境内大部分地区无法看到。

就在鲍伊作为我的礼物来我家的那一天，我经历了虚惊一场。我用一个画着卡通图案的盒子和我妈妈的旧海蓝色毛巾给它做了个小房子，然后我就去给他找水喝，当我回来的时候……我的天哪！鲍伊不见了！

我抹着两行泪找了它整整一下午。我得忍受我家里所有人带着"你是个……"的眼神看着我，而且我还因为没有对我的新宠物负责受到了一通指责。直到我发现鲍伊其实哪儿都没去：原因就是它是一位伪装高手。

鲍伊的第一次伪装
（在它学会走路之前）

是我的曾祖母凯妮塔发现了它，恰好她当时正在我家喝茶。她戴着一副大得吓人的眼镜（镜片厚得像瓶底儿一样），所有人都觉得这个拄着拐杖走路的老太太对现代生活一无所知。而她是唯一一个把这次风波当作笑话看的人。

"小布鲁诺！嘿！别再哭鼻子了！你的小丑八怪在这儿呢！"她在我的房间朝我喊道。

伪装：模仿，仿效别的事物的模样。（我给你们解释这些是因为在认识鲍伊之前我对这些东西一无所知。）

7

"快看这个！它就像加勒比海一样！" 她一边把鲍伊拿起来一边喊着，当时鲍伊已经完全变成了海蓝色，"太不可思议了！"

我过六岁生日那天（现在我八岁了，我觉得我自己差不多是个小少年了），发生了一场很罕见的悲剧，起因就是鲍伊的这项技能。当时鲍伊突发奇想伪装成了我的美食——一块儿巧克力蛋糕，我的叉子差点儿扎到它的爪子上。变色龙的这项技能是有科学道理的，这可一点儿都不简单。

伪装之
巧克力蛋糕——美食

伪装之
烤肉、西红柿、生菜

鲍伊还有另一项特殊的技能，这项技能就连我邻居家的一只德国牧羊犬都没有（人们给这只牧羊犬进行过军事训练）。鲍伊的舌头特别长，因此不管昆虫的速度有多快，鲍伊都能逮住它。当我们一家人围坐着吃烤肉，我爸爸因为那些烦人的苍蝇一直徘徊在周围而恼火的时候，我就会把鲍伊找来。我把它放在桌子中间，鲍伊就开始了它的工作。这么做的优点是，它伪装得和桌布一个样，这样我妈妈就不会发现它在那里，因为如果不这样的话，家里就会引起一场有关卫生问题的轩然大波。

我好奇心很强，有一次我做了一个实验来测量鲍伊的长舌头能够伸到多远的地方，结果出乎了我的意料。它能够伸到一米远的地方！而且它能在百分之一秒内就达到每小时九十六千米的速度，简直比法拉利提速还快！

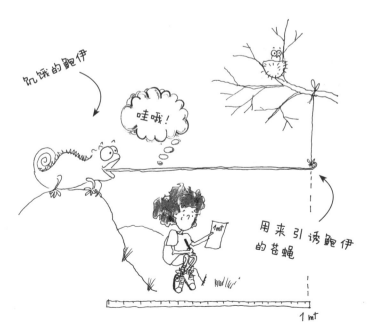

饥饿的鲍伊

哇哦！

用来引诱鲍伊的苍蝇

1 mt

9

有一天，我意外地发现鲍伊不只是会捉苍蝇。塞西莉亚是我的妹妹，因为我们吃了她的爆米花，她就怒气冲冲地想要报复。当时她用尽全力踢向足球，球直直地朝我的脸飞射过来。我记得我通过慢镜头回放观察到鲍伊是如何用它的舌头，以完美的动作将球拦截下来的。

帕拉西奥斯从上幼儿园开始就是官方门将，但是从那一天开始，每逢我过生日，鲍伊就会接替他的位置。

我们言归正传。在假期的第九天，我不想再重复我那个重复了二十遍的清单了，就想着邀请塞西莉亚一起玩儿。她才六岁，很可爱，也很聪明。但是，她和我家所有人一样，都喜欢唠唠叨叨个不停。所以你们就想象一下！我的状况可能就是一直听她讲故事，可是我呢，说真的，没有听任何人讲话的劲头，所以邀请她玩儿这个念头就像学校门口卖的冰激凌一样，很快就融化掉了。

而且我做事还经常不经大脑。妈妈来的时候，我不假思索地就告诉她我很无聊——这个决定简直糟透了。

　　"那为什么不趁这个机会去整理整理你的那个猪圈呢？"妈妈很兴奋地说道。

　　顿时，一个寒战弥漫了我的全身。我能想象到我的人生，就像那些讲述世界末日的电影一样，一个个萧索的场景立马在我的脑海里闪现：满屋子都是大大小小的袋子，里面塞满了垃圾，我正在分拣着山一般的玩具汽车、兵俑和动物……我要一直困在面带笑意、痴痴地看着我的妈妈的影子下吗？一直到世界尽头。

但是幸运的是，恰好在这一刻，我的大脑成功地发出了报警信号。就好像你正糊里糊涂地在街上走，一只狗给你留了一份"惊喜"……就在你踏出这致命的、会让你的鞋子沾上狗屎的一步之前，你脑海里有个声音对你说："紧急情况！立刻避让！"

正在等待受害者

我宁愿无聊得像只牡蛎也不愿意忍受折磨去整理我的房间。所以我就千方百计拽上鲍伊，跳上我的滑板，一眨眼的工夫就不见了。嗖——

第二章
蚂蚁的手表

尽管我们已经脱离了危险，但是那会儿才刚刚上午九点，到太阳下山还有漫长的十二小时。我们得好好想想该怎么度过这远离家的一天。

"鲍伊，你想到我们该做点儿什么了吗？"

鲍伊开始兜着圈子转悠，不一会儿它就变成了深黄色。然后它定睛看着我，仿佛想说点儿什么。每当它变成电灯泡的颜色就代表着它想到了绝妙的主意。

我看到它的眼睛瞪得那么圆，突然记起来我的叔叔圣诞节的时候曾经送给我一个放大镜，因为那个时候我并不是很喜欢它，我就把它和那些不再玩儿的玩具一起放在了床底下。

一星期前的臭袜子

布鲁诺不再玩的玩具

毫无疑问，那是个消磨时间的好办法，但是我们得解决一个"小"麻烦。我是一个不服从命令、逃之夭夭的小孩儿，那个放大镜在我家里，也就是说它在我妈妈的管辖范围内。这就好比要从一个笼子中的狮子身上割下一块儿肉还不让它发现。任务很艰巨，但是并非不可能完成。

"鲍伊，"我很认真地对它说，"认真听我接下来要给你说的话。"接下来我就一步一步地给它讲述了我的想法。

因为任何一个失误都有可能导致毁灭性的结果，所以在我们回去的路上，我边走边重复我们那个计划的细节。我们一到家，就藏在花园中间的那棵柳树下面，从那儿我们可以监视整个家里的情况。半个小时之后，我们听到我妈妈一边唱歌一边刷着吃早饭时用的盘子。

"鲍伊，行动！就是现在！"我鼓励它。

鲍伊眨眼就变成了灰色，在厨房的窗子前沿之字形前进。到我上场了。我以最快的速度跑着从后门溜了进去，爬上楼梯，接着进了我的房间，然后猫下了腰。我快速地对床下的东西进行了扫描。

"在这儿，"我自言自语着尽我所能伸长了胳膊，就在我快要够到放大镜的时候，我听到从一楼传来……

"救命啊——花园里有一只特别大的老鼠！"

是我妈妈，她正站在一把椅子上绝望地叫喊着。这个可怜的女人很害怕老鼠，更别提这还是一只身长三十厘米的！

"妈妈，对不起，你知道我是全心全意爱着你的，但是我没有别的选择。"我这么想着，拿着战利品离开了家。

我先是用放大镜观察苍蝇的腿儿。它们很恶心，还长满了毛。所以后来，我手里就一直拿着一个苍蝇拍。苍蝇转过头来的时候，研究工作就变得更顺利了，我可以看到它成千上万只盯着我的眼睛，我既觉得有趣又觉得恐怖。如果它们去看眼科医生，会是什么样子的呢？"医生，我第九百四十五只眼睛疼。"哈哈哈哈。我离开了苍蝇的既迷人又恶心的世界转而去研究别的东西。

我第945只眼睛疼

苍蝇医生

　　接着，鲍伊喝水的盘子引起了我的注意。我一直想知道这些流动着，最终被我的宠物咽下的可疑的东西是什么。我决定要研究它。我找来了几片树叶、几只死苍蝇和几只蚂蚁。太令人难以置信了，在放大镜下的它们看起来和正常情况下看起来很不一样。

我之前从来没有注意到过树叶上有成千上万根绒毛。它就像一块为跳蚤们准备的足球场。但是这些球员看起来似乎并没有很兴奋，相反地，它们似乎在睡觉或者装死。我得问问园丁，那些住在我做实验的叶子上面的、像小跳蚤一样的东西到底是什么。

那些东西好像是从电影里走出来的外星生物。我可以看到它们带着条纹的细腿儿和食蚁兽一样的大鼻子。有的还长着没有瞳孔的眼睛！噗……

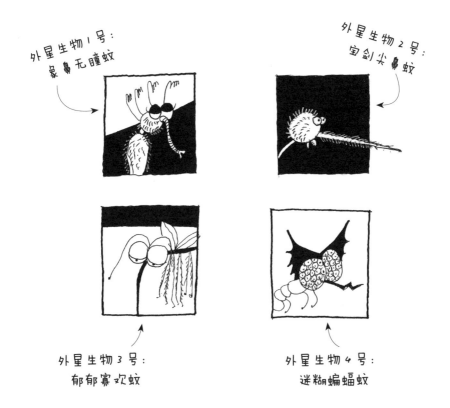

外星生物1号：
象鼻无瞳蚊

外星生物2号：
宝剑尖鼻蚊

外星生物3号：
郁郁寡欢蚊

外星生物4号：
迷糊蝙蝠蚊

鲍伊的盘子周围有一支蚂蚁大军在巡逻。我琢磨着在我的假期计划上加上第十条：用我的放大镜跟随这支军队，看看它们要到哪去，驮了什么东西。

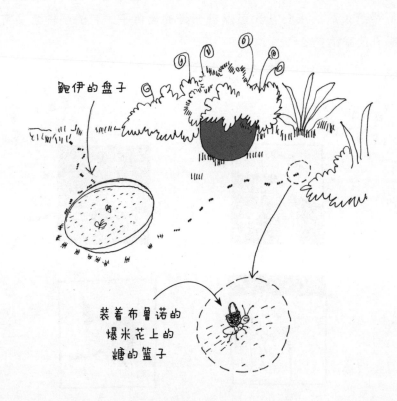

鲍伊的盘子

装着布鲁诺的
爆米花上的
糖的篮子

我很开心，因为这个放大镜正在变成我无聊的假期的救赎。而且，最近我也愈发觉得微观世界特别——超级——巨神奇！

"藏了多少秘密啊！"我激动地想着，"哎，我好迷茫啊。我之前怎么就没发现啊？"我在露台上坐了下来，反思着曾经有东西就在鼻子跟前却因为没有睁大眼睛而从来没有注意到它，这是多么的荒谬。

我觉得大人们也是这样，他们盲目地生活在这个疯狂的世界里，这个世界里有着打不完的电话、奔驰着的汽车和刺耳的喇叭声。他们从来没有时间来欣赏周围的事物。有时候我看到他们很认真地盯着他们的电话或者听着新闻，我打赌即使在他们家门口爆发一场战争他们也不会发觉。仔细想一下，我的很多朋友其实也是这样的。

由于这些想法一直浮现在我脑海里，因此我非凡的暑假故事开始了：这是一个关于一件从天而降的意外礼物和我的新朋友的故事。尽管我的这位新朋友比蚂蚁的手表还要小，但还是让我发现了它。

布鲁诺的新朋友
比这个还小

第三章

氢一点儿·科尔幕内兹·普尔加

已经到下午了，拿着放大镜研究了这么久让我感觉很疲惫，还有点儿头昏脑涨。我就坐在鲍伊的盘子旁边，用手搅和着泡着死苍蝇的水。突然，一阵大风吹来，摇动着花园里的树木。这时候，我看到了令人难以置信的一幕：一个挂着带条纹的小盒子的降落伞正从天上缓缓落下。我有点儿吃惊，就一直盯着它直到它落在了我的花园里。盒子上面缀着一张小卡片儿：

送给布鲁诺：
　　睁大眼睛，去看看那些瀚若宇宙、渺若尘埃的事物吧！
　　　　　　　　　　　来自夜空中最亮的天狼星

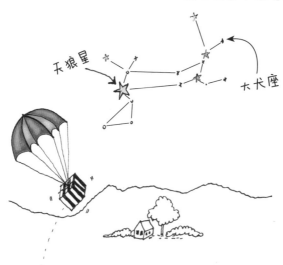

译者注：本书中所有星空均为南半球观察角度。这是在南半球中纬度地区观察"大犬座"刚升起的角度，我国境内观察到的刚升起不久的"大犬座"角度与此有很大不同。

23

我太惊讶了，把眼睛瞪得不能再大。我一定得打开看看！

"但是，星星和我又有什么关系呢？"我问鲍伊，好像它知道答案似的。我鼓起勇气小心翼翼地打开了那个盒子。在盒子里，我看到了那个来自天狼星的礼物：只是一副普通的眼镜。

我抱着怀疑的态度戴上了它，但是，我的眼睛不适应它……眼前模糊一片。

"鲍伊，你在吗？"

我走了几步，哎呀呀呀呀呀！！我的小脚趾直直地戳在了一块儿尖石头上。好疼啊——

我一只脚着地在草地上站稳，心想：星星给我买礼物时没有太多东西可供选择吧。所以要看清这个模糊的世界，我可能就得适应这副眼镜，别无他法。

直到我听到有一个声音在说：

"小机灵鬼，这里！哈喽——看这里，往下看，就在你杯子里！"

我看向桌子上的水杯，简直要被吓倒了！我看到了成百上千万的小·方块儿。它们就像聚会上的好朋友一样。我不太相信，就凑近一个长着长长的胡子、挂着拐杖、还热情地向我打招呼的小·方块儿。

"你……你是谁啊?"我惊讶地问他。

"什么?你居然没认出我来!我的老天爷呀!"它既生气又失望地喊道,"又一个每天上学只为了去暖板凳混日子的小孩儿,现在的小孩儿都只想着玩儿。我叫氢一点儿·科尔蒂内兹·普尔加,是个氢原子。你叫什么?"

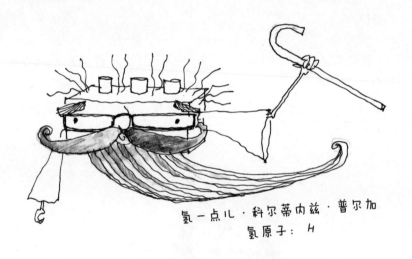

氢一点儿·科尔蒂内兹·普尔加
氢原子: H

"哈哈哈哈……你的名字真搞笑,你确实就一丁点儿大。"我喃喃自语。

"真搞笑是什么意思?"它问道,眉毛都拧到一起了。

"对不起!"我一边给它道歉一边用牙咬着腮帮子,以免笑出声来。"这位老先生似乎脾气还挺大。"我自言自语道,接着又对它说:"我叫布鲁诺……但是,等一下。你刚才说'原子'?'原子'是什么东西?"

我取下眼镜想看看是不是我产生幻觉了……什么都没有！氢一点儿不见了。我的水杯还和平常一样。我又戴上眼镜，一切又都重新出现了。总之，我没有疯。

第四章
原子构成的纸

　　我家花园里发生的事就是个笑料。我戴着从天而降的眼镜，试图和一个水杯里的家伙说话，这个家伙还说它是原子。要是有人这时候看到了我，我敢肯定我就得在精神病院里度过我的童年时光了。

　　"原子就是宇宙中存在的最小的东西。"氢一点儿试着给我解释，"就算是用放大镜你也看不到我。"

　　"真的吗？"我带着怀疑问他。我有点儿不开心了，因为氢一点儿小看我的放大镜。我就试了试，真的，连半个原子都没看到。"那我猜用显微镜是不是就能看到你了？"我坚持着，"我记得有一次做生物课作业的时候，我们参观了一间实验室，还用了实验室里一个观察病毒的小设备。但是我当时担心病毒会传染给我，就不想靠近它。"

病毒

连这个小黑点儿都要比
原子大得多

氢一点儿注释： 好吧，我得承认，我们原子是由更小的粒子构成的，它们是质子、中子、电子。与此同时，质子和中子是由被称作夸克的微粒组成的。

"就算是用显微镜你也看不到我，我可比病毒小得多了！"它强调说，"你只能通过这副来自星星的新眼镜看到我。"

我恍然大悟：也许是有人从星星上看到我拿着放大镜，发现了我搞研究的天赋，就给我送了一个更专业的版本。但是我还是没弄明白原子到底有多小。我把眼镜摘了就看不到它，而当我戴上眼镜，它就又在那里嘟嘟囔囔。

"氢一点儿，你真的比虱子的卵还要小吗？"我有点儿疑惑地问道。

"小得多了！"它很认真地回答。

我费了很大劲儿才想到这么小的东西：虱子卵是我能想象到的最小的东西了。

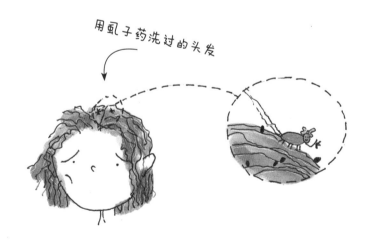

用虱子药洗过的头发

氢一点儿不想让我抓破脑袋去想象原子的尺寸了，它决定帮帮我。

"别担心。"它说，"我从来没有见过谁不费吹灰之力就能想象出一个小到用放大镜和显微镜都看不到的东西。你这疑惑的脸我已经见过很多次了，每当人们谈及我有多小的时候我都能看到。我记得第一次看到这种表情是在一个我两千多年前认识的人的脸上。他叫德谟克利特，是个希腊哲学家、数学家。他和你很像。特别像！我打赌你俩要是认识的话，你们一定能成好朋友。"

另一个"我"的长相

"我"的长相

德谟克利特

布鲁诺

"你要知道，德谟克利特可是既没有电视节目看也没有 PS 游戏机玩儿。"它继续说道.让我很意外的是,它这次脾气挺好的。

"天呐！"我扮着遗憾的鬼脸打断了它，"那这个可怜的人该有多无聊啊！"

"恰恰相反哦布鲁诺。我从来没看见过他露出无聊的表情。他有大把大把的时间用来思考，他还喜欢研究东西，喜欢观察一切。在希腊，人们都会花时间来学习，思考各种问题，就连那些杰出的运动员也是这样。奥运会就是在这儿诞生的。"氢一点儿补充说道。

我试着去想象他们在奥运会上是怎么穿着长袍踢足球、完成八百米跑的。

里奥普洛斯·梅西

克劳迪奥里士多德·布拉沃

公元前 400 年 6 月 26 日

"别走神儿啊！"氢一点儿喊着，把我的思绪猛地拽了回来，这个古怪的小方块儿一瞬间就由和蔼可亲变得暴躁起来，"德谟克利特没有显微镜，也没人会送他来自星星的眼镜。他就是这样，独自一人尝试着弄清楚这个世界上存在的最小的东西是什么。他做了很多实验，绞尽脑汁苦苦钻研一直到他得出结论。"

"氢一点儿！"我又打断了它，"我们要不就在这里做一做德谟克利特的实验吧？"

"好啊！"它有点神神秘秘地说，"我觉得这个主意挺好的，让我想想该怎么做这个实验呢？嗯……"它一边嘟囔着一边挠着头，想了几秒钟说："我有主意了！我们用纸做实验！"

"嚯——！真令我大失所望，"我还以为氢一点儿会让我套上白大褂，拿些试管来做实验呢。

"人的大脑就像降落伞一样，只有打开了才有用。"
阿尔伯特·爱因斯坦

"开始吧布鲁诺。"它摩拳擦掌，"我们的目的是通过这个实验来回答这个问题：把一张纸从它的正中间剪开，可以剪多少次？我们拿一张纸来试一试吧。"

剪纸这个主意我觉得超级有意思，因为我太会剪纸了！我可不是在吹牛，我敢说在这方面我是一个世界级的专家。

有时候在外语课上，我无聊至极又没有办法，除了撕纸没别的事可做，我就一边在手里撕纸，一边听老师讲课，以免在教室里睡着了。

我跑去找打印纸，但是半路上我想起来打印纸已经用完了。在我和鲍伊打了几百场纸飞机大战之后，连一张纸都不剩了。（上帝呀！求你了，别让我妈妈发现。）

我太着急了，也没有多想，就走进塞西莉亚的洗手间拿了她一卷卫生纸。我觉得用卫生纸应该也可以。然后我就跑到我的小不点儿朋友那给他交差。我扯了一截，把剩下的一卷放在旁边让鲍伊保管着。

　　"太棒了，布鲁诺。"看到我已经准备好开始挑战了，氢一点儿说，"我看你跃跃欲试的，那你就尽你最大可能地把这张纸从中间剪开，次数越多越好。"

　　我想证明给它看看这个实验有多么简单，便从容不迫地按它的指示做：1、2、3、4、5、6、7、8、9、10、11、12、13、14。

　　"完成了！我真是个剪纸专家！"我一边挺着胸脯说，一边把剪刀和那些小纸片儿放在桌子上。

氢一点儿看着我，脸上带着有点嘲讽的笑意。就像有人给我们分发点心，给塞西莉亚的比给我的多时她脸上的笑意一样。

"你已经剪完了吗？"它问我，"这就是你觉得你能剪的最小的了吗？"

我才不会被这个刚刚认识的，比跳蚤卵还小得多的小方块儿吓到，于是我就相当肯定地说：

"对！14次是它能剪开的极限了。句号，我说完了。"

"呵呵呵呵……"它的笑声就像蝉鸣一样聒噪，"布鲁诺，不好意思让你失望了，你的答案是不正确的。你信不信这个小纸片儿还能继续被切分50多次？"

这时，我脸上的笑容完全僵住了。还能再切分50多次？！紧接着，氢一点儿继续解释：

"德谟克利特也思考过一块儿东西可以被分割得多小。他将他的问题引向了人类想象的极限——'我能不能将一块材料切分到无穷小，直到我手上什么也不剩？'"

这一刻我真的想象到了身着长袍，正在探索宇宙奥秘的德谟克利特。

"他得出的结论是：'不能！'。他的聪明才智让他直觉地认为，在某一刻，物体将不能再被分割。物质是由非常非常小的块儿构成的。将一个物质一直切分下去它就会消失，这是不符合常理的。他将物质的每个'基本'的部分都称为原子，意思就是'不可再分的'。因此呢，如果你把你的纸切分60多次，你就会得到你所能及的最小的事物，就是我的体积，也就是一个原子的体积。"

童年时期的原子

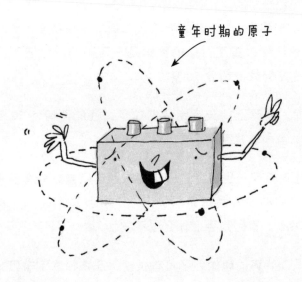

第五章

乐高宇宙

那天晚上我做了一个离奇的梦。我梦到我在乐高兰蒂亚，一个乐高天堂。这个地方很小，但也是很迷人的，这里的一切都是用乐高搭成的。乐高搭成的房子、乐高搭成的汽车、乐高搭成的街道，还有乐高搭成的信号灯，最奇特的是：我也变成了乐高搭成的小孩！

想着乐高积木，我从梦中醒来。难道我的方块儿形的新朋友已经成了我潜意识的一部分？可能是因为看到它方方正正的脸，或者是因为听到了那些"不可再分"的东西，我也不知道。重要的是，我醒来时突然心血来潮，很想玩儿我屋子里那一套乐高积木（反正迟早我得收拾屋子）。而且，我还突然有了一个大胆的猜想，但是我觉得还挺有道理的："氢一点儿就是个迷你乐高。"

我看看时间：已经十一点了。我已经有很长时间没睡到这么晚了，感觉精神抖擞的！鲍伊因为等我起床等得太无聊，正没精打采地靠在我的床腿边。当我问它我们要不要把那套用乐高搭的飞船给氢一点儿看的时候，它变成了黄色，也就是非常赞同的意思。我猜这或许会让氢一点儿觉得像是待在自己家里一样。我戴上眼镜，拿出那个杯子，把它放在一个支架的前面，这样是为了方便我，看到它在看到我的作品时会有什么反应。这个时候，氢一点儿已经像海豚一样在杯子里游来游去了。

"氢一点儿，我要让你看看我的大收藏，几艘飞船，我用像你一样的不可再分的东西做的。"

"多么惊人的想象力啊！"氢一点儿满心喜欢地惊呼道，"我得承认，你的飞船确实是原子组成的。看到你能用不同的乐高搭出这么特别的飞船，我觉得你真是个天才。"它一边说，一边挨个儿看我收藏的几十艘飞船，"那边那个太棒了……那个，那是什么飞船的模型？"它的问题一个接着一个。在这些飞船中它最喜欢的是这个：

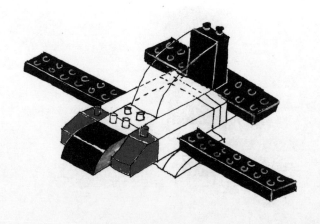

我觉得氢一点儿是一个迷你乐高的想法挺有道理的，但是又好像不是这么回事儿。我的那套乐高积木非常大，各种各样的，五颜六色的，我能用它搭出各种东西。所以，我觉得让氢一点儿成为一个和其他积木一模一样的微型乐高，那真是太无聊了。最起码，我觉得单独的一块儿乐高积木并不会带给人乐趣。偶尔，我不小心把一块儿乐高落在了地上，它唯一带给人的"乐趣"就是当某人踩上去时，他会疼得大叫。（有时候我会意识到，妈妈要求我们把它们整理好是有道理的，但是仅仅是有时候。）

　　我调整了下来自星星的眼镜，仔细地瞧那个杯子。我看到杯子里有成千上万个和氢一点儿一样的小方块儿，但是我也发现，在杯子里还有别的小方块儿，它们长着金发，身体膨胀着。我不想搅动水去找更多原子，因为我觉得氢一点儿应该是它们中最见多识广的，所以最好的办法就是直接去问它。

"氢一点儿，所有的原子都像你一样吗？是个氢原子？"

"就像木星的所有卫星一样，区别可大了去了！"它这么说道，还有点儿激动，"我还以为你永远都不会问我这个问题呢。就和你收藏的所有的乐高积木一样，我们也不是全都一个样。在自然界中，我们原子一共有 92 种形态。有一些大家都耳熟能详了，比如：氢原子、碳原子、金原子、银原子。还有一些是特别罕见的，比如铋和钨，它们听起来就像咳嗽药的名字一样。"

"哎哟喂！"想起上次我因为发烧 38 度被迫卧床"放的假"，我惊呼道。

"这就好比你用你的乐高积木搭出了有意思的飞船。"它继续说，"大自然也用不同的方法组合这 92 种被称为原子的微型乐高积木，有趣的是你们并不能看到这些原子。但是当它们聚集在一起，组成这些你所熟知的事物的时候，你就能看到它们了。我说的可是所有的东西哦！"

"氢一点儿，所有的东西是什么意思？什么东西是由原子构成的呢？"我相当好奇。

"认真听。"就好像它要讲这世界上最有意思的悬疑故事，它身上带电的毛发都滑稽地竖了起来。

译者注：自然界中存在有多少种元素尚未有确切结论，但比较肯定的是至少有 92 种。

"一粒沙子、一个小弹珠、一个球、一辆自行车、你的画册、你的滑板、鲁力和波比（塞西莉亚的宠物们）、你爸爸的络腮胡、你妈妈的画笔、苹果蜜饯、小山羊、石头、房屋、树木、山脉、甚至是这个地球：所有的东西都是由原子构成的。不仅仅是固体，就连液体、甚至是烟雾都是由我们原子中的一些构成的。一切都是由原子构成的！而其中的秘诀就是大自然知道怎么结合这92 种原子来形成不同的事物。"

原子就是组成物质的
乐高积木

"你是不是在开玩笑啊？"我有点怀疑地问它。

"布鲁诺，我当然没有在开玩笑。"它回答道，"比如今天，我，我的双胞胎兄弟氢一点儿，还有我的骄傲自大、有着一头蓬松的金发的氧原子朋友，我们三个原子就组合在了一起。我给你说个有趣的事儿：我所有的兄弟姐妹都叫氢一点儿，因为我的兄弟姐妹太多了，而且我们长得都一样，所以我的爸爸妈妈就给我们起了一样的名字。"

金毛儿氧
氧原子：O

"当我们在一起的时候，"它接着说，"就会形成一个原子团，古代科学家们将其命名为分子，意思就是'一小团儿'或者'一小簇儿'。因此，把原子聚集在一起可以形成分子，把分子聚在一起，就可以组成你能想到的任何东西。拿我们举个例子，我们三个组成了'一小团儿'水，很多像我们一样的分子就构成了你杯子里的水。"

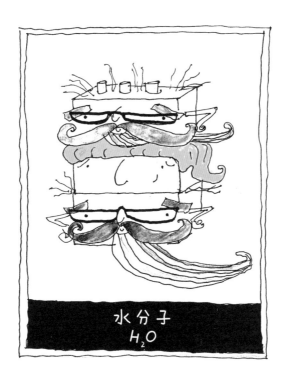

氢一点儿
金毛儿氧
氢一点儿

水分子
H_2O

"哇哦——"我惊叹道。

"我看你听得饶有兴趣的，那我就给你说个大秘密吧。认真听啊……"它有点兴奋地说，"就连星星，还有这个宇宙中包含的一切，也都是由我们原子构成的！"

"那也就是说，"我推断道，就像个 FBI 探员一样，"乐高兰蒂亚并不是个梦：乐高兰蒂亚就是宇宙！"

听到这个的时候，我惊讶得张大了嘴巴。我觉得我的嘴巴就像被一整个儿卡拉马瓜塞满了一样！

卡拉马瓜

译者注：卡拉马瓜，产自智利的一种水果，和哈密瓜很像。

第六章
没有亮光

我们说这话的时候，夜幕已经降临了。我一边跟着鲍伊往回走，一边听着氢一点儿滔滔不绝地说着乐高积木。我觉得太酷了，那些构成了我的玩具，甚至包括我自己在内的物质，和构成星星的物质是一样的。我觉得自己特别了不起，了不起得都发光了。也许我们在黑暗中都会发光，只不过我从来都没有注意到！

这时候我想到了一个绝佳的主意。把家里的电源切断，看看我的爸爸妈妈或者他们的朋友们是不是会发光。我让鲍伊去电闸那儿，去执行切断电源的任务，我就在一旁认真地观察。

但是这完全是场灾难！一切陷入黑暗后，我妈妈把杯子弄倒了，水洒在了桌子上；我爸爸因为害怕，把手伸进菜汤里去找他的手机；我看到的唯一发亮的东西是我妈妈看到我和鲍伊像豹子一样跑过去藏起来时她那愤怒的目光……闪电过后，雷声总是接踵而至。

"布鲁诺——你们在搞什么鬼！"整个家里都能听到我妈妈的吼声。

这是个错误的假设。我们和星星虽然都是由同样的原子构成的，但是即使是这样，我们也不会发光。我很好奇，就一边戴上来自星星的眼镜一边跑回我的房间去找氢一点儿。

"嘿，氢一点儿！都怪你，我差点儿小命不保了。你为什么告诉我，我们和星星一样会发光？"

"我的老天爷呀！"这个留着大胡子的方块儿仰天长叹，"我说的是你们和星星是由同样的原子构成的！而不是说人类是会发光的！宇宙万物的区别是很大的。"它补充说，"星星中的大部分物质确实是由像我一样的氢原子构成的，但是星星的体积可比生物大得多了。它们太大太热了以至于它们内部的原子会'燃烧'，会产生很大的能量。这股能量就是我们所看到的光，就像让地球上有了生命的太阳发的光一样。比如说你，尽管你是由原子构成的，但是你太小了，不足以让原子在你体内燃烧，让你发光。对星星来说，氢就是维持它们活跃的燃料！"

每当氢一点儿解答完我的问题，我立马就会再想出另一个来问它。这就像吃爆米花一样，"吧唧吧唧"的，嘴巴根本停不下来！

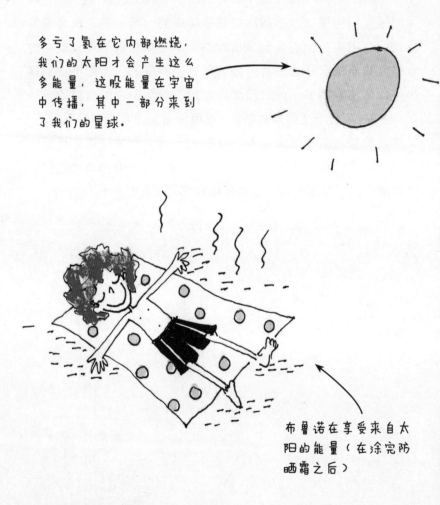

多亏了氢在它内部燃烧，我们的太阳才会产生这么多能量，这股能量在宇宙中传播，其中一部分来到了我们的星球。

布鲁诺在享受来自太阳的能量（在涂完防晒霜之后）

注：太阳内部产生热量的过程被称为热核反应，因此，说它是氢核聚变比说它是氢在着火或者燃烧更准确。

第七章
宇宙年历和大爆炸

我觉得忘掉这个因为切断电源导致的灾难性的故事，最好的办法就是早早上床。而且，当我妈妈看到我带着一张小·天使一样的脸正在睡觉时，我敢肯定她会转怒为喜，就不会再惩罚我了。

这一招我屡试不爽！可问题是我脑子里有太多事了，根本不可能睡着。我决定用数原子来代替数羊，我猜这个方法可能更有效。三千五百零一个原子，三千五百零二个原子，三千五百零三……呼——呼——呼——呼——

啊！他们像小·天使一样！

正在装睡

正在装睡

第二天早上，我第一件事就是去找氢一点儿。我当时还半梦半醒的，急着跑向我的杯子，匆忙戴上了那副有魔力的眼镜。那个小方块儿还在那里，而且睡得像个婴儿一样。我就趁这个机会仔细地观察它。它的睡姿实在是很奇特，它白色的络腮胡，拐杖和它充满磁性的鼾声，让它看起来就像是一个从故事里走出来的智者。

说真的，它看起来也太老了！是不是因为它太爱发火儿才老得快的？它到底多大年纪了呢？我猜，大概九十岁？它比我九十九岁的曾祖母更灵巧，但是它不可能不到九十岁。我只在圣诞老人身上看到过这样的胡子，圣诞老人肯定很老了，因为人们就是这么称呼他的嘛。

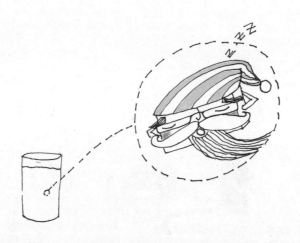

"氢一点儿……醒醒……我要向你请教个问题。"

"喂！哎呀！什么？几点了？我的天呢，布鲁诺！难道没人教过你不要打扰大人们睡觉吗？"它几乎是吼出来的。

50

"对不起，氢一点儿……因为有一件事我实在是太好奇了，我得在我忘掉它之前问问你，可以吗？"

"好吧，孩子，我们来看看是什么问题'这么重要'，以至于你必须得现在问我。"

"你有九十岁吗？还是过了九十岁了？"

"哎呀！九十岁的时候我还是襁褓里的小孩儿呢。我已经有一百四十亿岁了！"它一边打呵欠一边说。

我觉得氢一点儿有点精神不正常，可能是因为它没有睡好。

"哈哈哈哈，这个数字是不存在的！那是多少啊？"我扯着嗓子喊，就好像它没有在认真听这个问题一样。

"布鲁诺，我听得很清楚。我是老了，但是我还不聋！我已经快一百三十八亿岁了，比你曾祖母凯妮塔年龄大得多，也比这个星球上最老的乌龟大得多。我自己的年龄我记得很清楚。你明白了吗？"它一边说着，一边整理它头上仅剩的几根蓬乱的头发。

陆龟乔纳森：生活在大西洋的一座岛上，已经有 186 或者 187 岁了。

译者注：2015 年，根据普朗克卫星的观测结果，宇宙大爆炸距今 137.99 ± 0.21 亿年。

"好大的数字啊！我从来都没有听说过这样的数字。既然这样，你认识穴居人吗？你是不是还有一只宠物恐龙？"

"我承认猜出我的年龄太难了，因为那是个超级庞大的数字。"它回答说，"但是我可以教你一个方法来测量它。你有没有见过那种从一月到十二月的一整年的日历？"

我的肚子正在咕咕叫，抗议着要吃早餐，我喊道："见过！当然见过！我妈妈的厨房里就有一张！她说那是用来做每周的计划的，以防她忘掉重要的事情。我有时候会给她留这种消息：'给小布鲁诺做点儿好吃的吧。'"

"好吧，这样的话一切就都好办了。"它接着说，"你闭上眼睛，想象一下，我们把从宇宙诞生之日到现在的整个历史加快，把它压缩进这张日历里。

52

我们把这段压缩过的历史称为'宇宙年历'。掌握这个方法的基本规则，就是要想象一个月已经不再是三十天了，而是非常非常长的时间。在我们的宇宙年历中，一天代表四千万年，而每一秒就代表了四百五十年。"

　　这时，我的肚子陷入了沉默，因为这个解释真的太酷了！"什么？一秒钟代表四百五十年？"我看向我的表，盯着秒针，"已经过了四百五十年了，又一个四百五十，又过了四百五十年。"现在情况确实变得太有趣了，早餐就再等会儿吧。

　　"在宇宙年历中，"氢一点儿接着解释，"地球在八月才刚刚形成。对你来说生活在很久很久以前的恐龙，在圣诞节那天才刚刚出现在地球上，而且，它们只活了五天！"

　　"这么短！"我大失所望，问它，"那，那些穴居人呢？"

　　"如果你所说的穴居人是指人类最早的祖先的话，他们大约是在十二月三十一号晚上九点半左右才出现在地球上的。你不觉得难以置信吗？"它继续说，同时把双臂尽可能地展开，"但是到目前为止，整个宇宙年历中最令人惊奇的是，你所认识的所有人都出生在这里，在这张年历的最后一秒！而相反的，我出生于一月一号这一天的第一秒。你看到了吗？这里，我已经在形成了。"

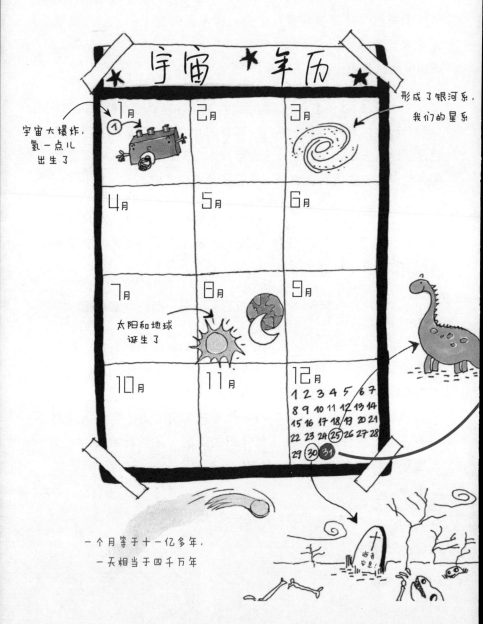

宇宙 ★ 年历

宇宙大爆炸，
氢一点儿
出生了

形成了银河系，
我们的星系

太阳和地球
诞生了

一个月等于十一亿多年，
一天相当于四千万年

54

12月31日

星期六

8:00

9:00

10:15　猴子出现了

12:00

21:24　最早的原始人

23:59:50 古埃及金字塔

23:59:58 美洲新大陆
　　　　的发现

23:59:59 你的爷爷奶奶、爸爸妈妈、
　　　　堂兄弟姐妹还有你出生了

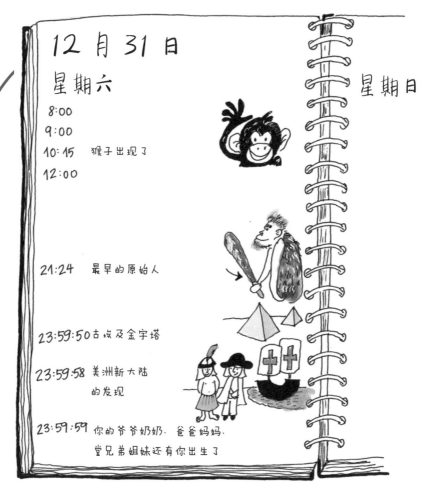

星期日

一小时等于一百六十二万年，

一分钟相当于两万七千年，

一秒就是四百五十年

"氢一点儿，那就是说……根据我的理解，从宇宙年历的一月一号到今天，已经过去了一百三十八亿年了？"

"完全正确，布鲁诺！这就是宇宙的具体年龄！"

"哇啊啊啊！这是我长这么大以来听过的最疯狂的话了。那之前呢？在你出生之前有什么呢？"

"在我出生之前，你现在所能看到的一切都不存在。没有星星，没有行星，也没有地球，更别提人类了。可能听起来非常奇怪，那时候既没有空间也没有时间。我们所有的宇宙中的氢原子住在一个比针头儿还小的点儿里，除此之外什么都没有！我们就那样挤在一起，等待着出生的那一刻。当时的条件实在是太艰苦了，以至于我们睡觉时做的梦都是一样的！"

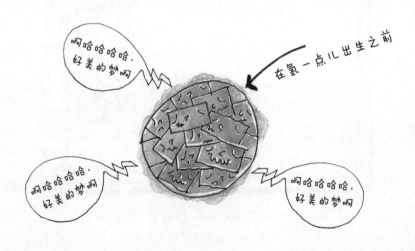

"哈哈哈哈！"我忍俊不禁，"氢一点儿，你说得也太夸张了吧……"

"别笑，布鲁诺！当时的情况就是这么窘迫。"它说着，瞪大了眼睛，"要是你有过这样的经历，你就能体会到了：睡觉的时候你妹妹的脚把你的鼻子都踹歪了，你妈妈的手顶着你的耳朵，你爸爸的头重重地压着你的肚子。"

哎哟……
那就像章鱼
沙拉一样

"我们当时就是这么不舒服！"它接着说，"以至于最后我们忍无可忍，在这个比针头还小的一丁点儿的空间里，所有的原子都伸长了四肢，相互挤压，产生了巨大的能量，最终像烟花一样爆炸了！多么自由啊！多么壮观啊！万丈光束的狂欢啊！就这样我们出生了，不再像罐头中的沙丁鱼一样挤在一起，我们快乐地漂浮着，最终我们分离开来，开始了在这个被创造出来的宇宙中的冒险。有人将我们出生的过程称为 BIG BANG，意思就是'宇宙大爆炸'，就这样，在一百三十八亿年前，诞生了光、空间和时间。"

　　"正如你所见，"它补充说道，以此来结束这段谈话，"宇宙已经非常非常非常老了，而且，和很多人想得正好相反，宇宙并不是本来就存在的。宇宙有起点，而且，终有一天，它也会走到尽头。"

　　说完这些，氢一点儿像熊一样打了个大呵欠，又重新睡下了。当然了，现在它已经可以舒舒服服地睡了。

第八章

一个玩 Whatsapp 的老太太

我确实曾想象过宇宙已经有一大把年纪了，但是，一百四十亿年！我感觉我的头都要炸了（我如果再不吃点东西的话，我的胃可能也要不复存在了）。我让鲍伊负责看管杯子和我的眼镜。我一边下楼去厨房吃早餐，一边琢磨着这个已经一大把年纪的宇宙。

我本来认为我曾祖母已经是这个世上最老的人了！而且她不是一个普通的曾祖母，她还特别潮！因为她身上总带着手机，还会在平板电脑上看新闻。正吃着面包夹鸡蛋的时候，我突发奇想，给她发一个 Whatsapp 消息来确认一下氢一点儿有没有弄错它的年龄。

译者注：Whatsapp，一种聊天软件，相当于中国的微信。

噗……我觉得她打字的时间简直比宇宙的年龄还要久。但是她是唯一一个可以解释我疑惑的人了，因此我决定向她请教那个世纪难题。

凯妮塔，我有个问题想要问你！　7:22

问吧！ 7:23

你出生的时候一切都是黑暗的吗？

7:24

我不明白你在说什么。😂😂😂 当然不是了！
小布鲁诺，我出生的时候是大白天！下午四点！
😂😂

7:35

 在这里输入消息　　　　　　　

很不幸的是，凯妮塔并没有明白我的问题。我想确认的是，在宇宙大爆炸之前她是不是已经出生了。

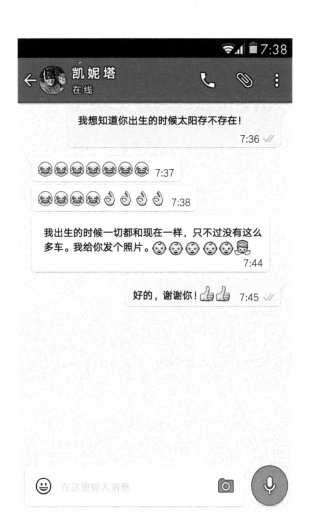

我已经跟你们说过了，她是个很潮的曾祖母。我得等一下，照片正在下载。房屋、树木、牧场、小山等，一切都很正常。我得出的结论是：在宇宙年历中，凯妮塔出生的时间与我的出生时间特别接近，离氢一点儿出生的时间特别特别特别远。

氢一点儿比凯妮塔老得多……太多了！

在我得出了这个重要的结论之后，我忽然听到嘀嗒——嘀嗒——的声音，一声接着一声而且声音还越来越大，仿佛这个世界上只剩这个声音了。

那是厨房日历旁边的挂钟的声音，它有着独特的节奏。在这之前我很少注意到它在工作，但是这周我越来越能意识到时间的流逝，而且一刻也没有停息。

我觉得自己被催眠了，因为我觉得此刻的身体就像石头做成的，就连我手心里的面包和鸡蛋也都是石头做的。透过厨房的窗户，我迷离的眼神投向外面那棵柳树。我陷入了沉思，想着氢一点儿给我讲述的它的出生和宇宙的年龄。

很快，我似乎明白了时间的意义。这一切都意味着，在宇宙的百亿年里，我们人类的存在不过是一眨眼罢了。这简直太难以置信了！

通过对时间的思考，我想起了几天前发生在我身上的一件非常有趣的事。当时我和鲍伊正在街上走，忽然从远处看到了我的新邻居，他是从日本来的。因为我是个有教养的孩子，我就朝他喊着打招呼："你好！"他居然回答我说……四点半了！

津本铁人（布鲁诺的邻居）

第九章
彗星海洋

我早上的那些对于时间的思考让我非常兴奋。我觉得，渐渐地，氢一点儿的故事开始对我有影响了。像这样的事，有太多是不管我怎么想都无法想象得到的。一小块儿从宇宙大爆炸里炸出的迷你乐高是怎么跑到我的杯子里的？我嘴角上还沾着刚喝的牛奶就跑上楼去问它这个价值一百万美元的问题。而且，我也想确认一下鲍伊有没有履行好它照顾原子的职责。

有人可能会说我每时每刻都在监视着那个水杯太夸张了，但是那几天我妈妈已经成为一个公众威胁了。她要求所有的东西都要按照刚放假时的顺序摆放，在那段时间里，她会扔掉所有杂乱地堆在一起的东西。她要是看见这个没在原处放着的杯子，我就有麻烦了！

"小·布鲁诺——你准备好了吗？再有二十分钟我们就要出发了。"我听到楼下妈妈在喊。

"但，但，但，但是，妈妈，"我朝楼下喊着回应她，"我去那儿干什么呀？去一个……"

"布鲁诺，别找那么多借口！"她打断了我，"我们已经说好了，你现在赶紧来我这儿，立刻！马上！"

很遗憾，我的那些疑问得往后推一推了。我把今天要去参加小宝宝们无聊的生日聚会的事忘得一干二净了。我的小表弟一周岁了。充满小孩儿哇哇啼哭和难闻气味儿的一天在等着我。

我把杯子塞进柜子里，对鲍伊说："你别从这里走开，像捍卫你的生命一样保护它。"我担心我妈妈上来找我，就赶紧跑着下了楼。

那天可以用度日如年来形容。孩子们不停地哭，吸着鼻涕。妈妈们在狂欢，一个个挂着无法形容的表情，说话嗲嗲的，仿佛她们才是正裹着尿布的婴儿一样：哦哦，喔喔喔，咯吱咯吱，捏捏捏捏，呦呦呦呦，抱抱抱抱，呜呜呜……你在哪儿——呀？原来你在这儿呀！不停地吐着舌头。难受至极！

甚至都可以说那些妈妈们是在动物园散步而不是在小·宝宝们的生日聚会上。她们把这个小·孩儿叫小·虫子，把那个小·孩儿叫小·猴子，另一个叫小·猪猪……还有小·鸡仔……小·狗狗……小·老鼠。不管怎么样，对我来说，他们只是几个小·恶魔而已。

我很不耐烦，每隔一秒钟就看一次时间。我唯一想的就是赶紧回家继续和迷你乐高对话。

"妈妈，"我太无聊了，不知道做什么，就问，"这聚会什么时候结束啊？"

"亲爱的，我们这一天都会和你的小·表弟在一起。你不觉得他很可爱吗？你看他多棒啊！"她这么回答。

我看了看那个小·恶魔，他迷你的手和迷你的脸上沾满口水和食物。这就是一场煎熬啊！我一边这样想着，一边吃着一块儿涂了果酱的橘皮。

我们筋疲力尽回到家的时候已经是大下午了。我以最快的速度冲进我的房间去看看一切是否安然无恙。鲍伊，模仿着银行保安的样子，安静地监视着。

我把杯子从柜子里取出来，坐在床上，戴好眼镜。那个小方块儿老爷爷正在和它的朋友金毛儿氧眉飞色舞地聊着天儿。我没有别的办法，只好打断了它们的谈话。

模仿银行的保安

"哈喽，氢一点儿。"我和它打了个招呼，"抱歉打断了你们。但是我有一堆问题需要尽快解决。"

"哈喽，布鲁诺。我刚才正和金毛儿氧叙旧，我们才刚聊到兴头儿上。"它一边说着一边坐好，"说吧，我洗耳恭听。"

我来得太匆忙了，以至于都忘了我要问它什么。杯子！对！我的问题是它是怎么进入我的杯子里的。我整理了一下思绪，继续说道：

"我知道你是在一百三十八亿年前在宇宙大爆炸中诞生的，你和所有的氢原子一样小，你是星星里的'燃料'。但是，你是怎么从那场大爆炸中来到我盛水的杯子里的呢？你之前一直漂浮在星星周围，那可是非常远呐，而且，那也是很久很久以前的事了吧！"

"那你觉得呢？"氢一点儿一边说一边看着金毛儿氧，"我要不要给他讲讲我们为了到达这里经历过的冒险？这个孩子想象不到充满激情的生活是怎么样的。"

我看向金毛儿氧，它很赞成这个主意，竖起了大拇指。氢一点儿长舒一口气说道："大家都坐好，听我从头道来。"

我看到太阳正缓缓落下，夜晚最早的几颗星星忽隐忽现，像灯塔一样点亮了夜空。这场景让人心旷神怡，于是我就让鲍伊去找些好吃的。它推来满满一小车爆米花、汉堡、薯条，还有一些小零食，这些都是它背着我妈妈偷偷藏起来的。我们来到外面，坐下欣赏夜空。

"时间倒流到宇宙诞生的那一刻。"氢一点儿开始讲它的故事，"你跟我说过你妹妹是个大嗓门儿，对吧？"

"对！我们可以说她声如洪钟。"我非常坚定地说。

"好吧，那你就想象一下成千上万个塞西莉亚站在体育馆里大喊，嘭——，宇宙大爆炸的力量比这个要强几百万倍！"

"哎呀呀呀呀！幸亏我没待在那里。"我舒了口气。

"确实是这样！我有很长一段时间像聋子一样听不到声音，但是现在我听力可好的不得了。"氢一点儿一边说一边揉搓着它的耳朵。大爆炸之后，我一直在宇宙中漂浮着，享受着这刚刚被创造出来的空间。这个空间越来越大，唯一要提到的细节是，随着时间的流逝，我感到越来越孤独寂寞。

"你不觉得无聊吗？" 我打断了它。

"无聊死了，布鲁诺，无聊透顶！刚开始的时候一切确实非常美好，但是独自一人飘荡了几十亿年之后，我觉得真的太无聊了。如果就这样任由时间流逝，我可能很难遇到别的原子了。于是有一天我决定重新找到我的家人和朋友们，一起做一番大事。很幸运，我找到了我的双胞胎兄弟，另一个氢一点儿，它当时正在和金毛儿氧一起旅行。我们三个组成了一个水分子，竭尽全力搭上了一颗会经过地球附近的彗星。'把手给我！'我的兄弟朝我喊，'呀呀呀呀，全速前进！'"

"一颗彗星？它很大吗？" 我感觉它们像在坐过山车一样。

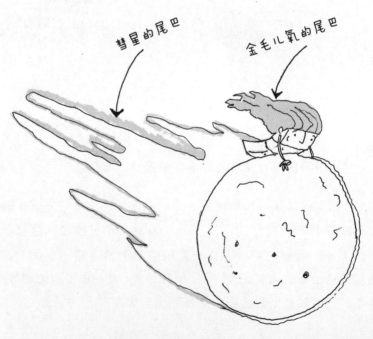

彗星的尾巴

金毛儿氧的尾巴

"它大得不得了！还拖着一条上千千米长的尾巴。抓着它并不难，因为它被冻得非常结实，我们就像贴纸一样黏在它上面，不用担心抓不牢。当我们接近太阳的时候，每隔一段时间，就会有一团冰水从我们的脸上流过去。那真是一次愉快的旅行！"

　　"你们到的时候地球是什么样的呢？" 我像个机器人一样一边吃着爆米花一边认真地听着。我想象着这样一个画面：这个小老头儿攀在彗星上，胡子都要飞了。这使我想起来我舅舅带我骑摩托车……那是迄今为止我经历过的最快的速度，而且我每次都是带着非常搞笑的发型回家。

　　"嗯……如果我没记错的话，我们是在宇宙年历上九月初的那几天到的。当时的地球和你现在看到的非常不一样。" 它回答我说，"那时候地球才刚刚形成，就像一个烧红的石头组成的球，就和你爸爸烧烤架上的炭火一样。我们和其他的水分子一起搭乘彗星来到了这里，一起浇灭了这团火。我们让地球充满了水。就这样，生命从伸手不见五指的海洋深处诞生了。"

滚烫的地球

第十章
生命的轮回

"哈喽，布鲁诺。你好吗？你为什么看起来这么奇怪？你戴着眼镜干什么呀？这个杯子里有什么啊？"塞西莉亚一边问我一边在我旁边坐下，脸上带着"我已经看透你了，而且我什么都知道"的微笑。

"哈喽，小·塞西莉亚。你在这里干什么呀？"我有点儿不乐意地回答她，"你不是应该在看书或者在玩吗？"

"妈妈让我来找你，"她打断了我，"她说到时间了，我们该上床睡觉了。"

塞西莉亚说得没错。在假期里，我最晚的睡觉时间是晚上十一点。但是有时候我爸爸妈妈会忘记，于是我就会磨磨蹭蹭到更晚一点儿。很不幸，今天晚上他们并没有忘。我该怎么办呢？氢一点儿的故事可不能再等了。

"我有办法了！"过了几分钟之后我说，"小·塞西莉亚，你是这个世界上心肠最好的，最可爱的，最温柔的，最热情的，最高尚的妹妹！你想不想要一个毛绒玩具龙？它不但可以喷火，还会笑，会哭，会尿尿，会玩儿多米诺骨牌，还会叫你的名字塞西莉亚。"我学着幼儿园阿姨的语气问她，一边捏着她肥嘟嘟的脸蛋。

"当然想要啦！"她蹦蹦跳跳地回答道，"我该怎么做才能得到它呢？"

"很简单，"我说，"我只需要你回到你自己的房间，拿一个你用来打扮的假发，把它放在我的玩具旁边。还有，最重要的是，如果有人向你问起我，你就说你连我的影子都没见到。明白了吗？"

"我要是不遵守承诺，就让巫婆诅咒我。一言既出，驷马难追。拉钩上吊，一百年不许变。"她唱着回答我。

"啊，我忘了，还有一件事儿。不要和爸爸妈妈提起任何关于这副眼镜和水杯的事。"她渐渐跑远了，我冲着她喊。

"好了，鲍伊。"我说，"你再去拿点儿好吃的，趁这工夫我去执行'狸猫换太子计划'。"

"狸猫换太子计划"

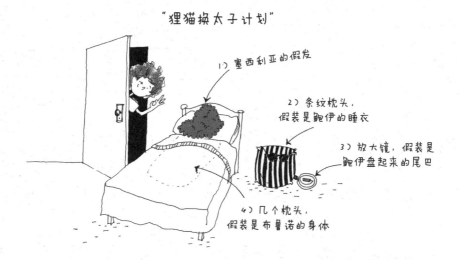

1) 塞西利亚的假发

2) 条纹枕头，假装是鲍伊的睡衣

3) 放大镜，假装是鲍伊盘起来的尾巴

4) 几个枕头，假装是布鲁诺的身体

"氢一点儿。"我冲着杯子说，"你在这里等着我们，我们不会耽误很久的。"（当然了，很明显，它也无处可逃，哈哈哈哈哈。）

半个小时之后，我们所有人都准备就绪，又重新坐在一起。而且，还有堆积如山的好吃的。

"那么，氢一点儿。"我又重新打开话题，"你在海底的生活是怎么样的？有很多鲸鱼，或者鲨鱼之类的东西吗？那段经历一定特别有趣！"

"恰恰相反，布鲁诺。我在海底的生活简直无聊透顶了，因为在那里什么也看不见。那时候还没有生命存在。就像蜗牛们的赛跑一样，一切都非常非常慢。我们厌倦了这种单调的生活。有一天，当朝着海面望去的时候，我们看到了各种各样的颜色和亮光。这和我们海底的房子简直是天壤之别，住在海底的房子里就像在一个伸手不见五指的屋子里玩儿一样，我们甚至要猜一猜是在和谁说话！"

我想：这是一个藏学校成绩单的绝佳的地方。

"我们打算给我们的生活增添点儿乐趣。就这样，我们和其他的几个心潮澎湃的水分子一起，决定用尽全部的力量抵达海面。在海底这么多年没有做过任何运动，所以我们一个个都已经很胖了。因此运动运动对我们并没有什么坏处。看看这张自拍照，这是我们离开海底前拍的。"

水分子
（足足有好几千克重）

"我的天呐，你们看起来就像小丑用他的气球做的小人儿一样。那你们最后到达海面了吗？"尽管我觉得很不可思议，我还是问了出来。

"我们累得像狗一样吐着舌头。不过，我们还是做到了！"

"你们付出了那么多努力值得吗？"

"那简直是奇观呐！我们看到了一个和四十五亿年前乘彗星来时完全不一样的世界。就好像魔法一样，有人念了咒语：'吗咪吗咪轰！'然后地球上就充满了生命。"

"你们快看，有流星！"我一边喊一边用手指着夜空，在心里默默许了个愿（我想要没有尽头的假期）。

"而且，我也不知道是因为我们运动过度体重减少了太多，还是因为那里太热了。"氢一点儿继续说，"当我们到达海洋表面的时候，不知道是什么原因，我们开始像空中的气泡一样上升……我们正在蒸发！"

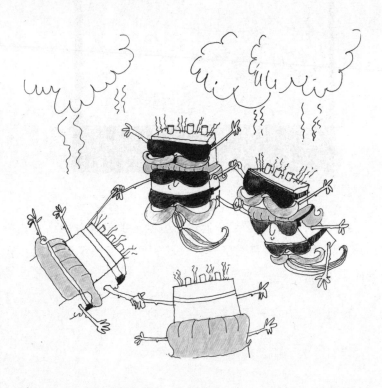

"什么？你们成了云的一部分？"我一边问，一边把一颗爆米花扔向空中，用嘴接住它。

"没错！"它回答说，"当从空中看这个新地球的时候，我看到了由各种各样的树木组成的大森林，还有像巨蟒一样在大地上蜿蜒的河流。整个星球上遍布着各种动物。我们所知道的所有动物中，最令人惊奇的就要数恐龙了。这时候已经没有之前滚烫的石头了；相反的，一切都是绿色或者蓝色的。"

"太神奇了！"我惊呼，这时，我想起了爸爸很喜欢看的鸟瞰地球的电视节目。

"我们离开了那片森林。这团云被设定为自动驾驶模式，就一直这样在空中飘啊飘啊，飘了很多很多年。当我们经过江河湖泊的时候我们会邀请更多水分子到我们的云上。我们甚至还在云上开过舞会。"

我注意到鲍伊正在踱着步，仿佛跳舞一样。

"直到有一天，在一夜狂欢之后，发生了一件奇怪的事。我们醒来的时候发现，大家都不能动了。起初我们把原因归结于热狗上的蛋黄酱，可能是因为它已经过期了。但是，最后我发现其实另有原因：我们被冻上了，或者说，我们结冰了！我们一直望向地平线，一片白雪皑皑。我们被困在了一座山的顶上，成了它永恒的积雪的一部分了。"

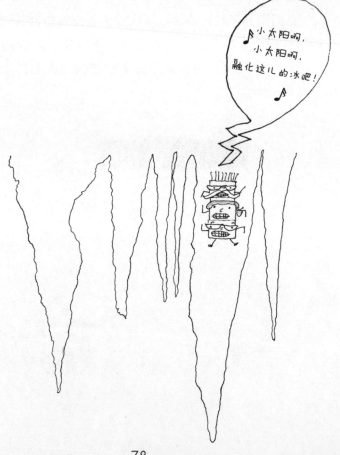

"你们被困住了？那么，是谁把你们从上面救下来的呢？"

"不能说是被困住了，布鲁诺。"它慢条斯理地说，"我们在那几千年里度过了一个美好的寒假。我们上午去滑冰，中午喝热巧克力，下午又出去玩滑雪板。"

"几千年的假期？运气也太好了吧！"

"直到有一天早上，整座山传来咆哮声。起初我们以为是金毛儿氧的肚子在咕咕叫。但是，当大地开始移动的时候我们才发现，我们的山其实是一座火山，那天它开始爆发了！岩浆在后面追着我们这些本来正在滑雪的氢原子和氧原子，我们打着滚儿下了山，融化了。就像在水上乐园，玩儿那种会掉进一个大湖里的巨型滑梯一样。"

"我的天呐！"

"认真听，布鲁诺。"它说着在空中比画了一个圆，"这么多年来，我们从一个地方旅行到另一个地方，就是为了像开始一样结束，这就是生命的轮回。正如某位气象学家所说：'生命的轮回就是水的循环！'"

第十一章
来自恐龙的问候

我注意到鲍伊有点儿不安。"你怎么了？"我问它。

它听到我的问题连眼睛都不带眨的，身体开始变成乳白色，然后朝我家的方向吐了吐舌头。

我觉得，我肯定会被打得住进医院的。爸爸妈妈房间里的灯还在亮着。我看了看表，已经早上五点了！要是他们发现我没有在床上睡觉他们一定会把我放进油锅里炸了，就像圣周时炸鱼一样。

我打断了氢一点儿，像火箭一样跑去检查我房间朝着花园另一边的窗户。灯是关着的……这是个好迹象。我悄悄地靠近，走向我爸爸妈妈房间的窗户，希望能弄清楚为什么他们把灯打开了。由于窗户是开着的，我可以趁机探着头去察看。我简直不敢相信自己看到的。我爸爸正在穿他的网球服，系好鞋子之后就拿起球拍朝门走去。

译者注：圣周，西班牙语是"Semana Santa"，也可以翻译成"复活节"，是西班牙语国家最重要的传统节日之一。

80

他前进几米，做出了一个击球的姿势，接着，又举起双臂做出胜利的手势。然后他就回去了，重新穿上睡衣，关了灯。哈哈哈哈。原来我爸爸会梦游啊，他觉得自己是个职业网球运动员！既然没有出现危险，那么……我就可以继续品味欣赏氢一点儿的故事了。

在我回去找那些原子们和鲍伊的时候，我还是有点儿担心，火山突然爆发，氢一点儿和它的朋友们滚下山融化掉，对我来说这就像恐怖片一样。我不知道是再向它们问更多细节还是该装傻，就此打住。尽管我知道，我会被我的求知欲害死的。

我一到那儿，就重新挨着朋友们躺下来。只有在那里我才能意识到我眼前有什么。

那天的夜空太令人印象深刻了，我从来没有看到过那么多星星。过了一小会儿，我打破了沉寂。

"氢一点儿，抱歉，问这个问题可能不太合适，但，但，但是……在火山爆发的灾难中还有别的幸存者吗？"

我注意到氢一点儿闭着眼睛微微一笑。我不太明白它为什么要为它朋友们的死发笑。也许这是悲痛欲绝之后的反应吧。

"布鲁诺，你说的是什么灾难？我和我的兄弟姐妹们是为各种形态的水而生的，水分子的适应性特别强。比如：当太热的时候我们很急躁，就不喜欢互相接触。于是我们就分散开来，这时的我们就是气态的……我们就是这样组成了水蒸气和云。"

能借一下你的美黑油吗？

气态

"当特别冷的时候，我们就喜欢紧紧地黏在一起，这样我们就可以暖暖和和地过完冬天。在这种情况下，我们是固态的，就是这样，我们形成了冰。"

固态

"那么，不冷也不热的时候。啊哟，我们就非常轻松了，我们就会形成液态的水。"

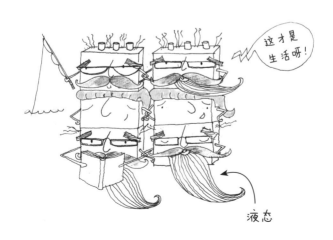

液态

"如你所见，正因为如此，我们可以身处各种各样的环境中而且不必担心危险。没有什么东西能奈何得了我们。我们总能看到事物积极的一面。"

"万幸啊！"我舒了口气。

"也有危险。"氢一点儿继续说，"危险就是那些接近湖岸的恐龙群。到处都是恐龙！你想象一下，一群渺小而无助的原子看着大得像楼房一样的动物逼近我们，想用它们的尖牙吃掉我们。"

"现在看来，确实曾经有原子死翘翘了！"我心里这么想。

"一股水流一次又一次愈发用力地拉扯着我们，我们也一次又一次地全速逃跑。最终，我们顺着水流看到了那些庞大又口渴的恐龙。我们径直地流到了它们的嘴里。我们用尽全力想要逃脱，但是恐龙的力量比我们大得多了，一口就把我们吞了进去。"

"不——！"我捂住了眼睛，仿佛不想听到这个可怕的结局。然后我发现，当一个人不想听到什么东西时，捂住眼睛是没有任何作用的——这是我们从那些恐龙身上学到的奇怪的东西，我这么想。"那么，发生了什么呢？"我直截了当地问。

"不幸中的万幸啊。我们成功抓住了它的一颗沾满口水的牙齿。而且金毛儿氧想到了个绝佳的主意：在恐龙的舌头上挠痒痒，这会让它张大嘴打喷嚏。哇偶！好大一个喷嚏啊！我觉得这个

84

喷嚏一定吵醒了这个星球上所有的生物。然后我们就又飞到了空中，只不过这次带着恐龙的口水。"

"就这样，我们再次成了那个巨大的湖的一部分。我们的生活在经历了这次难忘的经历之后……"

氢一点儿继续详细地讲述了它在那个湖里度过的数百万年的时光，它在那里的冒险还有它后来的旅行。在听到它到目前为止给我讲过的所有令人难以置信的事情之后，我已经非常满足

了。也许是因为疲倦，我的注意力慢慢飘散了。当我欣赏着头顶成千上万颗星星的时候，我感到它的声音也在渐渐远去。在听了类似宇宙大爆炸、原子、乐高、彗星、星球、恐龙等等这类词之后，我在脑海中进行了一场寻找星星的旅行。

"……直到一家饮用水公司把我们灌装进一个瓶子里，这个瓶子来到了你家，又从瓶子来到了你的杯子里。你觉得这个故事怎么样？"它提高了嗓门儿，结束了它的故事。

我从寻找星星的旅行里跳了出来，我又有点害怕了，我唯一说出口的话是："我不相信，那和霸王龙喝的一样的水现在也在我的杯子里吗？"

"当然啦，布鲁诺。"它点着头回答了我。

"太棒了吧！这是来自恐龙的问候。"

第十二章
宇宙之水

　　太阳从山的那头探出身来，我觉得这幅美丽的景象可以印到明信片上当作纪念品卖给外国人。我从来没有体验过一整晚不睡觉，似乎这一次经历触动了我性格中最敏感的那一面。一切看起来都是那么新奇，我一点儿睡意也没有。我觉得被染成橙色的山峦就像有什么魔力一样。然而，我注意到氢一点儿有点累了。

　　"氢一点儿。"我对它说，眼神中充满了敬佩之情，"我完完全全陶醉在你的故事里了。你这个假期都会和我在一起，给我讲宇宙的所有奥秘吗？"

　　"如你所见。"它这么说，声音听起来有气无力的，"我可是已经在这个宇宙和你的星球上停留了很久了。在你还没出生的时候我就已经住在很多雄伟壮观的地方了。我向你保证我会认识你的孩子们、你的孙子们，我也会继续给他们讲述我们的冒险。"

　　"太好了！"我兴奋地喊道。

　　"那么我就先讲到这儿了。"它说着做了个深呼吸，"我猜从今天开始，你一定会用另一种眼光来看这个世界。

你会知道那些你能想象到的很简单的事物也会带给你新奇的故事。你将不会再把一杯水看作一杯简简单单的水，因为其中隐藏着宇宙诞生的奥秘。

人类，简单一看是由肉、骨头和其他的东西构成的，而通过更高层次的视角，在微观领域，人类是由数十亿个迷你乐高组成的，也就是我们原子组成的。你要知道你身体中百分之六十的原子都是像我一样的氢原子。"

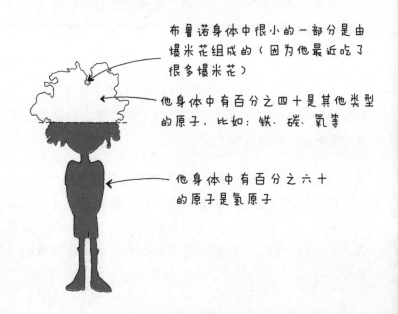

布鲁诺身体中很小的一部分是由爆米花组成的（因为他最近吃了很多爆米花）

他身体中有百分之四十是其他类型的原子，比如：铁、碳、氧等

他身体中有百分之六十的原子是氢原子

"我希望你不要忘记，我要告诉你的是你身体的一大部分是由一百四十亿年前，宇宙诞生时被创造出的原子构成的。也就是说：你的体内有宇宙大爆炸的产物。"

"哇偶哦——"这是我唯一能说的。

在我短暂的生命里，在那些人家讲给我的所有的故事中，我从来没有听过如此疯狂，但又如此精彩、真实的故事。我想：那些科幻故事和宇宙的故事比起来简直不值一提。我太惊讶了，以至于突然间我的大脑陷入了几分钟的空白……

……由于一个荒唐的想法，我的思绪又回来了。我想起了我的科学课老师，我们亲切地称他"虱子打滑"，因为他头上一根头发都没有。他是否也知道七千万年前恐龙喝的水里的氢原子和今天我的杯子中的一样呢？还有，他知不知道水是起源于宇宙呢？我打赌他肯定不知道。这么一想，我生命中的前七年真的太精彩了！也许到今年年底的时候，我还会被授予科技进步奖！

科技进步奖
奖品

　　然后我有了一个很慷慨的想法，我想让我们班所有的同学都戴一戴这副眼镜。这样他们就能看到氢一点儿，看到它的原子家族，还能听氢一点儿讲它曾经讲给我的故事。我觉得这就是我回到学校后的新任务：向我的朋友们讲述宇宙的奥秘。

　　我已经走在回去的路上，准备去睡觉了，这时我突然想到氢一点儿不是一个人住在杯子里。我一厢情愿地以为这个迷你乐高还有精神头儿继续说话，于是我就问它："那你的朋友金毛儿氧呢？它是从哪里来的？"

　　"哎哟，那是另一个很棒的故事。"它叹了口气，"但是，布鲁诺，我真的非常非常累了。我真的觉得我们得睡一会儿了，明天我们再继续吧。"氢一点儿说着几乎要困得倒下去了。

90

我们不慌不忙地走在回家的路上，阳光温暖地照着我们的后背。这时，有东西打破了这片宁静。那是塞西莉亚在厕所里绝望地叫喊："布鲁诺——你是不是把我的卫生纸——拿走了？"

宇宙大爆炸是真的吗？

众所周知，我们生活在地球上，而地球只是广袤的宇宙空间的一个点。宇宙是怎么来的呢？一直以来这都是一个复杂的问题，宇宙处于不断的运动和变化中，千百年来，有各种各样的关于宇宙起源的说法。

其中有一种说法就是，宇宙起源于大约138亿年前的一次大爆炸。大爆炸之前的宇宙是一个密度和温度都无限高的奇点，在大约138亿年前的一个瞬间，奇点剧烈膨胀，这就是"宇宙大爆炸"。之后物质四散而去，空间不断膨胀，温度也逐渐下降，于是宇宙中的所有星系，恒星、行星，包括地球和生命，相继出现。

宇宙中最小的物体

你可以像书中的布鲁诺一样，拿一张普通的白纸，用安全剪刀把它从中间裁成两半，然后拿起其中的一半，再把它从中间裁成两半，以此类推，就这样裁剪下去，你最多能裁剪多少次呢？布鲁诺裁剪了14 次就已经进行不下去了，你裁剪的次数越多，说明你越能干哦！

如果能真能继续裁剪下去，超过了 60 下，纸片就可能变得像原子一样小了。这是希腊的哲学家德谟克利特首先想到的方法，如果我们把一样东西一而再、再而三地分割下去，一直到无法再分割为止，这个最小的物体，就是原子。

但原子还不是最小的物体呢，事实上，还有好多比原子还要小的物体，这个就不在今天我们讨论的范围内了。

我们看到的所有物体都是由原子构成的，像空气、阳光、山和水，甚至我们自己。原子就像我们喜欢玩的乐高积木一样，可以组合成任何东西，是不是很奇妙呢？

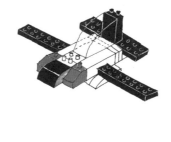

把原子聚集在一起就形成了分子

把原子聚集在一起可以形成分子，把分子聚集在一起，就可以组成任何你能想得到的东西。比较科学的解释是：分子是由组成它的原子按照一定的键合顺序和空间排列而结合在一起的整体，这种键合顺序和空间排列关系称为分子结构。

最早提出分子概念的是意大利的科学家阿伏伽德罗，他于 1811 年发表了分子学说，认为："原子是参加化学反应的最小质点，分子则是在游离状态下单质或化合物能够独立存在的最小质点。分子是由原子构成的，单质分子由相同元素的原子构成，化合物分子由不同元素的原子构成。在化学变化中，不同物质的分子中各种原子进行重新结合。"

比如在本书中，氢一点儿就说，两个氢原子和一个氧原子就构成了水分子，这就是布鲁诺杯子里的水。

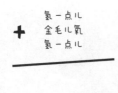

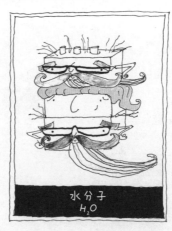

水分子
H_2O

制作你的宇宙年历

宇宙 ★ 年历 ★

1月	2月	3月
4月	5月	6月
7月	8月	9月
10月	11月	12月

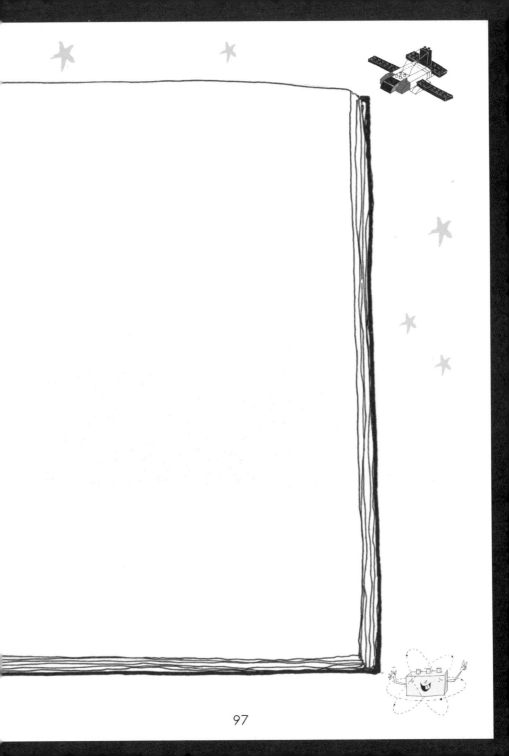

北京天文馆

地址：北京市西直门外大街 138 号

开放时间：星期三至星期日 9:00 ~ 16:30（16:00 停止入馆）

闭馆时间：星期一、星期二（国家法定节假日、寒暑假、儿童节除外）、腊月廿九、除夕、初一、初二

官网：http://www.bjp.org.cn/

参观计划

_____

_____

_____

_____

_____

_____

年　月　日

中国科学院紫金山天文台

地址：南京市玄武区钟山风景区天文台路

开放时间：3月1日～10月10日9:00～18:30，17:00停止入园；
10月11日～次年2月29日9:30～17:30，16:00停止入园

闭馆时间：全年每天开放，临时闭馆时另行通知

官网：http://www.pmo.ac.cn/

参观计划

_____

_____

_____

_____

_____

_____

年　月　日

中国科学院上海天文台

地址：上海市松江区佘山国家森林公园景区

参观时间：8:30 ~ 16:30（16:00 停止入馆）

闭馆时间：全年每天开放，临时闭馆时另行通知

官网：http://www.shao.cas.cn/

参 观 计 划

_____

_____

_____

_____

_____

_____

年　月　日

中国科学院国家天文台兴隆观测基地

地址：河北省承德市兴隆县兴隆镇长河套村连营寨山顶

开放方式：团体预约，可参观大型天文望远镜，夜间观察星空，提供住宿与餐饮

预约方式：通过官方微信公众号

官方微信公众号：国家天文台兴隆观测站

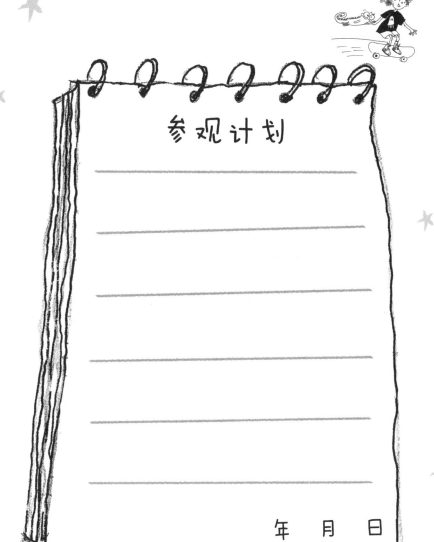

参观计划

年 月 日

中国科学技术馆

地址：北京市朝阳区北辰东路 5 号

开放时间：星期二至星期日 9:30 ~ 17:00

闭馆时间：星期一（国家法定节假日除外）、除夕、初一、初二

官网：http://cstm.cdstm.cn/

参观计划

_____

_____

_____

_____

_____

_____

年　月　日

上海科技馆

地址：上海浦东新区行政文化中心的世纪广场

开放时间：星期二至星期日 9:00 ~ 17:15

闭馆时间：星期一 (黄金周除外)

官网：http://www.sstm.org.cn/

参观计划

年 月 日

台北市立天文科学教育馆

地址：台北市士林区基河路 363 号

参观时间：平日 9:00 ~ 17:00，假日 9:00 ~ 21:00

闭馆时间：星期一

参观计划

_____

_____

_____

_____

_____

_____

年　月　日

香港太空馆

地址：香港九龙尖沙咀梳士巴利道 10 号

参观时间: 星期一、三至五: 14:30 ~ 17:00；星期六、日及公众假期:
10:00 ~ 17:00

闭馆时间：星期二（公众假期除外）

官网：http://www.lcsd.gov.hk/CE/Museum/Space/index.htm

参观计划

————————————————

————————————————

————————————————

————————————————

————————————————

————————————————

年　月　日

澳门科学馆天文馆

地址：澳门孙逸仙大马路澳门科学馆

参观时间：星期一至星期三，周末，上午 10:00 ~ 13:00；下午 15:00 ~ 18:00

闭馆时间：星期四

官网：http://www.msc.org.mo/

参观计划

年　月　日

附：元素周期表

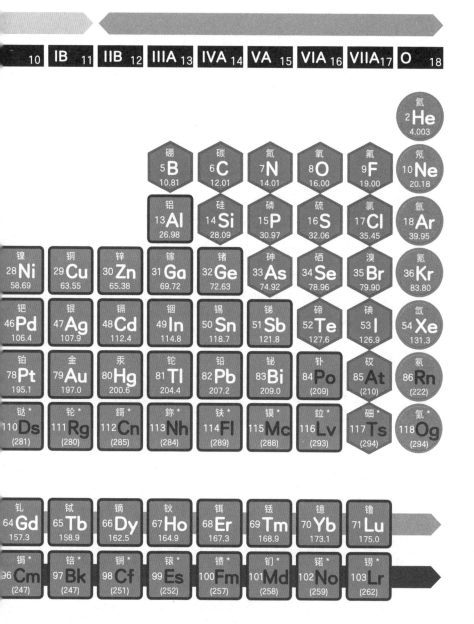

氦 2He 4.003

硼 5B 10.81 | 碳 6C 12.01 | 氮 7N 14.01 | 氧 8O 16.00 | 氟 9F 19.00 | 氖 10Ne 20.18

铝 13Al 26.98 | 硅 14Si 28.09 | 磷 15P 30.97 | 硫 16S 32.06 | 氯 17Cl 35.45 | 氩 18Ar 39.95

镍 28Ni 58.69 | 铜 29Cu 63.55 | 锌 30Zn 65.38 | 镓 31Ga 69.72 | 锗 32Ge 72.63 | 砷 33As 74.92 | 硒 34Se 78.96 | 溴 35Br 79.90 | 氪 36Kr 83.80

钯 46Pd 106.4 | 银 47Ag 107.9 | 镉 48Cd 112.4 | 铟 49In 114.8 | 锡 50Sn 118.7 | 锑 51Sb 121.8 | 碲 52Te 127.6 | 碘 53I 126.9 | 氙 54Xe 131.3

铂 78Pt 195.1 | 金 79Au 197.0 | 汞 80Hg 200.6 | 铊 81Tl 204.4 | 铅 82Pb 207.2 | 铋 83Bi 209.0 | 钋 84Po (209) | 砹 85At (210) | 氡 86Rn (222)

𫟼* 110Ds (281) | 𬬭* 111Rg (280) | 𬭎* 112Cn (285) | 𬭩* 113Nh (284) | 𫓧* 114Fl (289) | 镆* 115Mc (288) | 𫟷* 116Lv (293) | 础* 117Ts (294) | 𑀆* 118Og (294)

钆 64Gd 157.3 | 铽 65Tb 158.9 | 镝 66Dy 162.5 | 钬 67Ho 164.9 | 铒 68Er 167.3 | 铥 69Tm 168.9 | 镱 70Yb 173.1 | 镥 71Lu 175.0

锔* 96Cm (247) | 锫* 97Bk (247) | 锎* 98Cf (251) | 锿* 99Es (252) | 镄* 100Fm (257) | 钔* 101Md (258) | 锘* 102No (259) | 铹* 103Lr (262)

117

鸣谢

感谢所有在这个原子项目中支持和帮助过我们的:

伊莎贝尔·梅里诺
马格达莱纳·泽格斯
玛丽亚·奥古斯塔·斯卡格里奥蒂
弗朗西斯卡·伊比埃塔
马格达莱纳·布里多
安吉利斯·卡斯蒂略
托马斯·邦斯特
塞尔吉奥·科杜
弗朗西斯卡·萨拉斯
瓦伦蒂娜·卡兹
玛丽亚·何塞·维加拉
玛丽亚·尤金妮娅·拉莫斯